교과 공부가 답이다

교과 공부가 답이다

초판 1쇄 발행 ㅣ 2019년 10월 15일

지은이 ㅣ 김지연
펴낸이 ㅣ 공상숙
펴낸곳 ㅣ 마음세상

주 소 ㅣ 경기도 파주시 한빛로 70 515-501

출판등록 ㅣ 2011년 3월 7일 제406-2011-000024호

ISBN ㅣ 979-11-5636-368-2 (03590)

원고 투고 ㅣ maumsesang@nate.com

* 값 13,000원

* 마음세상은 삶의 감동을 이끌어내는 진솔한 책을 발간하고
있습니다. 참신한 원고가 준비되셨다면 망설이지 마시고 연
락주세요.

이 도서의 국립중앙도서관 출판예정도서목록(CIP)은 서지정
보유통지원시스템 홈페이지(http://seoji.nl.go.kr)와 국가자료
종합목록 구축시스템(http://kolis-net.nl.go.kr)에서 이용하실
수 있습니다. (CIP제어번호 : CIP2019038635)

교과 공부가 답이다

김지연

마음세상

공부하지 말라고
좀 놀아라고 하는 사람은
스쳐지나가도 좋습니다.

다만,
열심히 공부하라고 말해준 사람은
정말 당신을 생각해주는
당신에게 무척 귀한 사람입니다.

공부는 세상의 모든 꿈으로 이어주는

가장 현실적인 다리입니다.

학부모와 학생이 읽어야 할
공부 지침서

흔들리지 마세요.

열심히 하는 당신을

이길 수 있는 사람은 없습니다.

—

공부는 그 깊이를 알면 즐겁고 재미있는 것입니다. 공부하면서 이런 생각이 든 적 없나요?

아, 생물이 재미있어. 다른 과목 공부할 때는 잠이 오는데 이걸 공부하면 눈이 번쩍 뜨여.

만일 이런 생각이 들면 세상에 살아있는 모든 것이 달리 보입니다. 생물학자의 생일도 알게 되고 살던 지역도 궁금해지는 등 놀라운 관심이 생깁니다.

사실 세상의 모든 과목은 다 매력이 있습니다. 다만 그 매력을 잘 모를 뿐입니다. 자기 주도적으로 흥미 있는 분야를 찾고 스스로 관련 서적을 독파하면서 지식의 넓이를 넓혀 간다면 자기 성장과 자기 도약을 할 수 있는 귀한 경험을 할 수 있게 될 것입니다.

그런데 좀처럼 이런 일이 일어나기가 어렵습니다. 공부의 즐거움도 알기 전에 일단 경쟁에 놓이기 때문입니다. 정확히 말해 공부가 어렵다기 보다는 경쟁이 힘든 것입니다. 그래서 이 힘든 경쟁을 어떻게 좀 수월하게 극복할 수 있을지 고민하게 되지만, 치열한 경쟁을 뚫어야 비로소 진짜 실력이 됩니다.

많은 사람들이 선호하는 것일수록 그 이유가 있습니다. 그리고 경쟁이 치열합니다. 내가 원하는 것을 얻기 위해서는 경쟁에서 이겨야 기회를 쟁취할 수 있습니다. 내가 아무리 하고 싶어도 문이 너무 좁으면 기회란 건 없습니다. 만약 경쟁에서 지면 내가 어떤 직업을 아무리 꿈꾸고 그려도 얻을 수 없습니다. 그럼 노력하지 않고 꿈과 열정만 많았던 내가 기회를 쟁취야 맞는 걸까요? 기회란 더 노력한 사람에게 주어져야 그것이 공정한 것이기 때문입니다. 어떤 자리든 그 자리에서 가장 잘할 수 있는 사람이 차지하는 것이 바람직합니다.

경쟁에서 이기기 위해서는 내가 좋아하는 것만 할 수 없습니다. 도저히 정이 안 가는 과목도 파고 들어 공부를 해야 합니다. 그 과목이 좋아지는 순간 보통 잘하게 됩니다.

우리 삶에는 실패의 경험보다 기회 앞에 서는 빈도가 더 많습니다. 기회를 놓치지 않으려면 자신만의 지식을 공고히 하는 것이 중요합니다. 그래야 기회가 왔을 때 망설이지 않을 수 있고 놓치지 않을 수도 있습니다.

학생에서 벗어나 사회인이 되면 누구나 밥벌이를 해야 하고 그에 대한 보수로 이 세상이 정해놓은 시급, 월급, 연봉이라는 것과 만납니다. 금액이 정해지는 기준은 있고 그 기준을 바꾸기는 어렵습니다.

경쟁이란 고달픈 것입니다. 경쟁에서 이겨도 져도 모두에게 힘든 것입니다. 경쟁에서 이기면 유리해지긴 하지만, 매사 반드시 그런 건 아닙니다. 우리의 삶은 시간이 지남에 따라 승자가 패자가 되고 패자가 승자가 되는, 음지가 양지 되고 양지가 음지가 되는 전화위복 그 자체입니다. 그러니 어떤 결과가 나와도 섣부르게 판단할 필요가 없습니다. 자만이나 포기는 대부분 섣부른 판단입니다.

변화무쌍한 시대에 오히려 실패가 인생의 득이 되는 경우도 있습니다. 경쟁에서 이기면 긴장이 풀어져서 더이상 노력하지 않고 과거에 이루어놓은 것을 사골처럼 우려 먹는 경우가 있습니다. 그것은 도태로 가는 지름길입니다. 공부만 하다가 진이 다 빠져서 진짜 꿈을 세우지 못하는 일, 분명히 있습니다. 마음 속에 단 한번 불길을 불태우고 더이상 타오르지 못하고 사그라드는 경우는 참 아쉽습니다. 정해진 공부만 하다가 내가 진짜 원하는 게 뭔지, 되고 싶은 게 뭔지 생각하지 못했다는 건 오해입니다. 공부를 적게 한다고 해서 자기가 원하는 것이 알아지는 것은 아닙니다. 다만 눈에 보이는 공부만 하고 내가 가야 할 길에 관해서는 생각해보지 않은 실수가 있었던 것이지요. 사실 가장 어려운 문제이기 때문에 접근하지 못했을 수도 있습니다.

공부를 잘하면 인생에서 선택의 폭이 넓어집니다. 실력을 가늠하는 첫번째 관문은 누가 가장 많은 지식을 정확하게 알고 있느냐 입니다. 폭넓은 지식을 바탕으로 그것을 잘 활용하는 것이 바로 개인의 역량입니다.

성패에 일희일비할 필요 없고 휘둘리지 마세요. 모든 것은 경험을 통해 만들어낸 데이터로 머릿속에 저장하고 앞으로 살아갈 때 유용하게 사용하세요. 활용하지 못하고 그냥 방치한다면 그것이야말로 낭비입니다.

공부는 무조건 열심히 하는 게 사실 정석이라고 생각합니다. 공부를 열심히 했는데 성적이 안 나오면 주변에서도 걱정하거나 비웃겠지요. 그러나 열심히만 해서는 당장 가시적인 성과를 보기 어렵다는 단점이 있습니다.

허나 끝까지 밀어부쳐서 열심히 하는 사람은 경쟁에 치이지 않고 자기 자신의 능력을 무섭게 키워나가기 때문에 언젠가 분명 크게 얻는 것이 있습니다. 그러기 위해서는 누가 뭐라고 하든 주위 평판에 굴하지 않고 포기하지 않는 힘이 전제되어야 할 것입니다. 학교 다닐 때 석차 높은 이와 사회에서 성공하는 이가 때로 다른 것도 이 때문입니다. 사회에서 성공하는 사람도 학교 성적과 상관없이 분명 자기만의 공부를 해서 기본 바탕을 탄탄히 마련해두었을 것입니다. 열심히 하는 사람도 시험 출제 경향 분석에 실패하면 성적은 안 나올 수도 있습니다.

지식은 처음 머릿속에 들이기 어렵지, 한번 들어오면 분명히 이익이 됩니다. 사람의 머리는 컴퓨터와 다릅니다. 컴퓨터는 그냥 방대한 데이터를 정확히 저장만 합니다. 하지만 사람은 작은 데이터도 본능적으로 자기에게 유리하게 활용합니다.

머릿속에 들어온 지식은 그냥 의미없이 쌓이는 것이 아니라 나도 모르게 내 삶에서 응용하고 활용하게끔 되어 있습니다.

바리스타 공부를 했지만 결국 바리스타로 일하지 않아도 전문적인 지식을 활용하여 평생 맛있는 커피를 즐길 수 있습니다. 그래서 인생은 아는 만큼 보입니다. 알수록 교만해진다면 그건 잘못 안 것이고 알수록 겸손해지고 이해심이 깊어진다면 제대로 가고 있는 것입니다.

이 책이 공부의 방향과 동기 부여, 진로 앞에서 고민하는 분들에게 도움이 되길 바랍니다.

공부할 수 있어 감사하다

하루에 조금씩

꾸준히 하면

분명히 이루어집니다.

—

공부하기 힘들죠? 태어나면 누구나 공부란 것을 해야 합니다. 아, 재미없고, 지루하고, 앉아있기 힘들고⋯⋯. 더군다나 타의에 의해서 하라니 흥미가 안 생깁니다. 그런데 공부는 왜 해야 하는 걸까요?

예전에는 모든 사람들이 공부란 것을 할 수 있었던 것이 아니었습니다. 주로 지배계급만 공부를 할 수 있었습니다. 공부를 할 수 있는 것도 태어나면서 정해졌던 것이지요. 신분이 낮으면 공부를 할 수 없었던 시대가 역사적으로 대단히 긴 시간을 차지합니다. 모두가 공부할 수 있는 여건이 된 것도 그리 오래된 일이 아닙니다.

지금도 빈부의 차이가 지식의 습득에 영향을 미치는 것은 부정할 수 없습니다. 지식이 돈벌이 수단이 되어 돈을 지불하는 사람만이 배울 수 있도록 유도하기도 합니다. 돈을 들여 사서 알게 되는 지식은 내가 직접 발로 뛰어 아는 지식보다 깊을 수 없습니다. 최대한 이런 현상을 막고 많은 사람들이 지식을 향유할 수 있도록 이끌어가야 합니다.

　우리 모두가 배울 수 있고 지식을 쌓아나간다는 것은 대단한 일입니다. 또한 자신이 노력해서 성과를 얻을 수 있다는 것은 중요합니다. 과거에는 신분제도가 있어 아무리 노력해도 아무것도 얻을 수 없는 시대도 있었습니다. 그만큼 경쟁도 치열하지 않았겠지요. 그것이 공정하지 못했기 때문에 긴 싸움을 통해 모두가 공부할 수 있는 기회를 얻을 수 있도록 한 것입니다. 이러한 사회가 오기까지 정말 많은 사람들의 노력이 있었습니다.

　그러니 배울 수 있고 공부할 수 있음에 감사해야 합니다. 공부 안 하고 그냥 밖에 나가서 뛰어놀고 스트레스를 풀고 싶어도 자기 절제를 하며 견뎌야 합니다. 누군가가 아무리 큰 비용을 들여서 지식을 산다고 해도 스스로 움직여서 공부를 해내는 사람은 이기지 못합니다.

　모르는 사람은 아는 사람을 이기기 어렵습니다.
　예나 지금이나 공부는 인생을 만들어가는 지표입니다.

고통 속에서 얻는 것이 진짜다

내 것이 된 지식은

단순히 암기로 저장된 것이 아닙니다.

무의식적으로 나는

이 지식을 내 삶에 적용시킵니다.

사람들의 인생이 저마다 다른 것도

서로 알고 있는 것이 다르기 때문입니다.

억지로 내 생각이라는 것을 키우려고 하지 마세요.

배운 것은

내 인생의 배경지식이 됩니다.

—

공부는 힘들기 때문에 자기 자신과의 싸움이라고 비유되곤 합니다. 굉장한 의지가 있어야 해낼 수 있는 것이기도 합니다. 누가 수업을 멋들어지게 해준다고 해도 결국 내용을 이해하고 암기하는 것은 나만의 몫이므로 혼자서 해낸다는 점에서 외로운 것이기도 합니다. 집중하지 못하는 순간 딴생각의 세계가 열리니까요.

내가 외워야 할 것을 옆에 사람이 대신 외워줄 수가 없습니다. 똑똑한 사람은 많은데 꼭 나까지 이렇게 공부를 해야 할까요? 나는 몰라도 내 옆에 있는 사람이 잘하니까 괜찮다고 생각할 수도 있습니다. 그러면 그 사람은 어떨까요? 내가 숟가락만 올린다고 싫어할 것입니다. 또한 어떤 성과가 생겨도 나와 나누기 싫어할 겁니다. 옆에 사람은 내가 참여하지 않으니 내가 협력하기 싫어한다고 생각할 수 있고, 나는 그 사람이 혼자서만 득을 보려고 한다며 협력하기 싫어한다고 서로 힐난할 수도 있습니다.

훗날 일을 할 때도 기여에 따라 수익은 차등분배됩니다. 내가 업무에서 어떤 역할을 했는지가 중요합니다. 좋은 보수를 받으려면 업무에서 알맹이 일을 잘 처리해야 하고 자기 몫을 거뜬히 해내야 합니다. 그러려면 지식이라는 탄탄한 배경이 있어야 수월합니다. 때로 공부보다도 경험을 먼저 내세우기도 하는데, 경험의 가치도 대단하지만 지식이 바탕이 되지 않은 경험은 비효율적이고 때로 아는 것도 아니고 모르는 것도 아닌 상태로 애매한 경우도 많습니다.

공부를 재미있게 할 수 있는 방법이 따로 있다고 말하는 경우가 있습니다. 마치 예능처럼 웃고 즐기면서 할 수 있다고 생각합니다. 단순히 흥미로, 재미로, 적성에 맞는 것 같아서 접근한 사람은 막상 진짜 알맹이, 어려운 문제를 만났을 때 당황하고 극복하기 어려워 합니다. 교실과 강의실에서 소위 활동 위주에 재미있고 즐겁게 공부한다는 것은 회사에 가서 여행자처럼 일한다는 것과 같습니다.

공부는 절대로 나의 비위를 맞춰주지 않습니다. 내가 따라야 하고 견뎌내야 합니다. 내 인생인데 내 마음대로 이끌어보

자고 끌고가면 끝까지 하지 못하고 어느 순간 나몰라라 내려놓게 됩니다. 사람이 무언가를 얻을 때는 반드시 고통이 따릅니다. 만일 고통이 없이 주어지는 것이 있다면 대개 눈속임입니다.

잊지 마세요. 고통 속에서 얻는 것이 진짜입니다. 고통의 산을 넘긴 사람에게만 보여지는 길이 있습니다.

공부가 더욱 부담으로 다가올 수 있으나 그냥 공부한다고 생각하지 말고 습관이 되면 됩니다. 아무 생각 없이 조금씩 하다 보면 실력은 시나브로 쌓이게 됩니다.

새로운 공부 방법은 없다

어떻게 공부해도

놀면서 공부해도

무작정 해도

우리가 알아야 할 것과

배워야 할 것은 정해져 있어요.

시대가 변함에 따라 교과서도 개정이 되고 우리가 알고 있는 것도 변합니다. 시간이 갈수록 모든 것은 점점 발전하는 양상을 보이게 됩니다. 그래서 이것저것 새로운 것들도 많이 등장하고 사라집니다. 뭔가 새로운 것이 나오면 주목하게 됩니다. 사실 시선을 끌기 위해서 새로운 것, 기발한 것, 혹할 만한 것이 만들어지기도 합니다.

공부를 쉽게 할 수 있는 방법이 있으면 얼마나 좋을까요? 허나 공부 방법에는 새로운 것이 없습니다. 세상에 변하지 않는 것은 수학 공식과 공부 방법입니다. 가령 연산을 잘하기 위해 뭔가 특출한 요령을 개발하기도 하지만 요령만으로는 부족합니다. 가령 연산 실수를 줄이기 위해서는 현실적으로 그저 많이 해보는 수밖에 없습니다. 시행착오와 포기하지 않는 힘이 완벽을 만들어냅니다. 수학의 전체적인 접근이 중요할 뿐, 단순 연산은 중요하지 않다며 계산기로 대체해야 한다는 의견도 있지만 수학의 기본은 연산이며, 연산을 정복해야 수학이 완전해질 수 있습니다. 연산의 벽을 넘어야 비로소 수학이 보이기 시작하는데 어렵고 귀찮다고 별로 안 중요하다며 등한시하면 그만큼 도태됩니다. 공부도 사회에서의 경력처럼 많이 해본 사람이 잘합니다. 심지어 단순한 암기라며, 암기로 알고 있는 것은 진짜 아는 것이 아니라는 엉뚱한 말을 하는 경우도 있습니다. 암기가 아니라면 도대체 어떻게 안다는 것일까요?

뭔가 쉽게 할 수 있을 것 같은 특이한 공부 방법, 소위 새로운 공부 방법은 이목을 끌기 위한 상술입니다. 토론 중심이라는 등, 발표 중심, 활동 중심, 체험 중심이라는 등 구미를 당기는 공부 방법이 제시되지만 반복으로 익숙해진 암기를 이길 수는 없습니다.

물론 활동 수업이 주는 이점도 있지만 저예산 혹은 엄마표, 아이표로 진행함이 옳고 그에 큰 비용을 투자할 필요는 없습니다.

기억이란 곧잘 잊혀지는 것이기에 반복을 통해서 완전하도록 만들어야 합니다. 암기를 잘하면 그걸 단순히 외운 것일 뿐

아는 것은 아니라고 생각할 수도 있는데 그건 큰 착각입니다. 암기가 쌓여서 잘 잊혀지지 않도록 단단해지고 자신의 생각도 적용하게 되면서 스스로 노하우까지 만들어냅니다. 반복에는 시간이 듭니다. 숙련도를 기르기 위해서 의식적으로 노력하는 데는 한계가 있습니다. 그냥 아무 생각없이 편안한 마음으로 하다 보면 어느 순간 이루어집니다.

공부는 엉덩이 힘, 강한 의지, 암기력으로 밀어부치는 것입니다. 좀 쉽게 하는 새로운 공부 방법은 없습니다.

공부 분량은 빅데이터 급이다

이 세상에 사람들은 정말 많고

그만큼 공부해야 할 것도 많아요.

많기 때문에 선택의 폭이 넓고

다양한 경험을 할 수 있게 되는 겁니다.

기계가 빅데이터를 모으는 것이 아니라

나 자신이 빅데이터가 되어야 해요.

공부를 해야 하는 분야는 바뀌지 않습니다. 국어, 수학, 과학, 사회, 역사 등등. 분량을 살펴보면 그 양이 매우 대단합니다.

분량이 많다 보니 공부를 일찍 시작합니다. 어린 나이에 공부를 시작합니다. 또한 학생은 밤 늦도록 공부에 매달립니다. 이것은 별스러워서가 아니라 공부의 분량이 무척 많기 때문입니다. 그렇다고 임의로 줄일 수도 없습니다. 앞으로 후대에 태어날수록 외워야 할 것이 더 많아질 것입니다. 게다가 암기력이 떨어지면 남들보다 더 시간이 걸립니다. 경쟁의 과열이 우려된다고 하나 다들 열심히 살아보겠다고 공부하겠다는데 그것을 걱정하는 것은 기우입니다.

공부의 분량에 압도되지 말고 차근차근 접근해나가는 것이 중요합니다. 공부의 분량을 줄이기 위해서 이른 나이에 공부를 시작하지만 어려움에 봉착합니다. 어릴 때 소위 흥미 위주의 수업 혹은 놀이식 수업에 큰 비용을 투자하는 것은 어리석습니다. 게임이나 활동을 통해 아이가 지루하지 않게 학습시킨다면서 현혹합니다. 그럴싸하지만 속지 마세요. 갖가지 시청각자료와 활동 등으로 학생의 적극적 태도를 이끌어내고 비위를 맞춰 재미와 흥미와 끄는 수업 방식은 언뜻 보기엔 색달라보이지만 결국 눈속임입니다.

특히 학생의 발표에 의존하는 수업은 발표자의 발표가 엉성하면 정말 얻어갈 것이 없습니다. 듣기만 하면 지루하니까 강사와 학생의 일을 바꾸어서 학생이 말하고 강사가 들어주면 학생이 뭔가 능동적으로 참여하는 느낌을 줄 수 있으나 본디 수업 준비에는 많은 노력이 필요하고 아무나 명강의를 하는 것이 아니기 때문에 학생이 이끄는 수업은 내용이 부족할 수밖에 없습니다. 수업을 선생 중심이 아닌 학생 중심으로 이끌어간다는 것은 이론적으로만 아름다울 뿐입니다. 그렇게 공부하다가 나중에 진짜 공부할 때가 되어 공부의 참모습을 알게 되면 어려워 할 수도 있습니다.

배울 때는 강사로부터 가장 핵심적인 것을 파악하고 알아내는데 주력해야 시간 대비 고효율을 노릴 수 있습니다. 공부를 하든 일을 하든 핵심을 알아낸다는 것은 사실 가장 어려운 일입니다.

아이든 어른이든 제멋대로 하는 순간에는 즐거움을 느낍니다. 타인의 통제가 약해지고 내 마음대로 할 수 있으면 그 자체가 즐겁습니다. 인지에 약할수록 내 방식을 고수하겠다며 제 멋대로 방식을 고수합니다. 그것을 창의성이라고 생각해서는 안 됩니다.

힘들어도 어릴 때부터 공부의 정석을 토대로 인지 교육을 해야 합니다. 1+1로 시작하는 연산도, 한글의 철자도 모두 인지교육입니다. 창의적으로 그리는 미술도 소묘라는 인지교육이 바탕이 되어야 합니다. 어릴 때만 똑똑하고 커서는 하위권에 머무는 악순환이 생겨서는 안 됩니다. 엄청나게 많은 공부 분량을 조금씩 줄여나가기 위해서는 재미 위주, 흥미 위주로 흘려보낼 것이 아니라 어릴 때부터 엉덩이 힘을 기르고 집중하는 습관을 들이는 것이 훨씬 더 유용합니다.

주입식 교육은 효율적이다

타인이 만들어놓고 심지어 핵심까지 정리해놓은

지식은

맛있게 먹으라고 차려놓은 밥상과도 같아요.

일일히 연구해서 알아내야 한다면

재료 사와서 손질하고 조리하고 세팅해야 하잖아요?

대부분의 공부는 외우는 것입니다. 외우지 않고는 방법이 없습니다. 창작하거나 지어낼 수 없습니다. 그런데 자기 생각 없이 달달달 외우기만 하면 그게 공부가 아니라고 생각하기 쉽습니다. 사실 남이 해놓은 연구를 그냥 결론만 알고 가는 게 가장 쉬운 것이기도 합니다. 가령 물이 산소와 수소로 되어 있는데 요. 그게 다른 사람이 연구를 해놨으니까 그냥 간단히 알고 가면 되는 겁니다. 만일 그게 아니라 물이 어떤 원소로 되어 있는지 일일히 밝혀내서 공부해야 한다면, 얼마나 힘들겠습니까? 특히 인생을 바쳐 연구했는데 치명적인 오류가 있어 인정받지 못한다면 그야말로 기운 빠지는 일이 아닐까요? 이래도 외우는 게 가장 쉬운 공부가 아닐까요? 사실 공부라는 것은 다른 사람들이 피땀 흘려 연구해서 알아낸 것을 후대에 핵심만 손쉽게 알고 가라고 요약해놓은 것입니다. 사실 매우 감사하죠. 맨땅에 헤딩 안 해도 되니까요.

우리가 외우는 것들은 대부분 사회에서 소위 인증된 것입니다. 즉, 이미 검증이 끝난 것입니다. 하지만 나의 생각은 검증이 되지 않은 것이기 때문에 앞으로도 많은 수정을 요구합니다. 또한 생각이란 지식이 쌓이면서 바뀌는 것이기도 합니다.

자기 생각을 내세운다는 것은 나만의 독창성이라기 보다 앞으로 더 사회에 보탬이 될 수 있는 혁신적인 아이디어를 내는 것을 뜻합니다. 많은 사람들을 통해 수많은 아이디어를 취합하다 보면, 한 사람의 천재에게서 얻는 생각보다 분명 더 많이 수확되는 부분이 있기 때문에 자기 생각을 세우라고 하는 것입니다.

사회에 큰 보탬이 되는 뭔가를 해낸다는 것은 정말 어렵습니다. 그게 쉬우면 이 세상에 불치병이 왜 있을까요? 세상에서 해결되지 않는 문제를 해결하기 위해서 새로운 시각과 접근이 필요합니다. 그런데 이건 상당히 성공한 경우에 해당합니다.

성공을 하기 위해서는 반드시 탄탄한 지식을 필요로 합니다. 그 지식은 모두 암기로 채워지는 것입니다. 자기 생각을 세우는 것이 중요하지만, 때로 비효율적이고 사회에 보탬도

되지 않으며, 받아들여지지 않는 생각을 하는데 오래 투자하면 시간을 버리는 셈이 됩니다. 자기 생각을 세운다는 것은 일종의 투자입니다. 또한 이만한 생각을 어린 학생에게 기대한다는 것도 쉽지 않은 발상입니다.

외우는 것은 쉽지 않습니다. 이내 지루하고 졸립니다. 판서하고 강의를 듣고 필기하고 암기하는 방식은 너무 지루합니다. 버티지 못하는 사람부터 졸기 시작합니다. 뭔가 눈에 획획 들어오는 시청각 자료가 있고, 강사 혼자 떠들지 말고 학생에게도 발표 기회를 주고 손으로 직접 만질 수 있는 체험학습이 있으면 이것보다 나을 것 같습니다. 뭔가 체험을 하면 졸리지 않고 흥미가 생길 것 같습니다.

그러나 공부의 양이 방대한데 간단히 필기하고 암기하면 될 것을, 체험 학습으로 벌이면 뭔가 재밌고 볼거리도 있고 하니 흥미는 생길지 모르나 일도 많아지고 재료비 등 비용도 발생합니다. 길에서 버리는 시간도 상당하며 무엇보다 습득하는 지식도 양은 적습니다.

가령, 화산의 원리와 암석의 종류를 공부하기 위해서 심성암과 화산암을 생성하는 실험을 하면 흥미는 있겠으나 준비물도 많고 안전상 주의를 기울어야 하는 부분도 있고 여러모로 번거롭습니다. 또한 부족한 지식으로 벌이는 토론이나 토의는 때로 공허한 것이 되기도 합니다. 왜냐하면 우리가 공부할 내용은 이미 검증이 되었기 때문에 답은 정해져 있습니다. 암석을 이루는 광물도 이미 다 정해져서 우리 마음대로 바꿀 수 없습니다. 우리가 치는 시험도 사실 다 답정녀입니다. 답은 정해져 있고 우리는 대답을 해야 합니다. 정답을 말해야 합니다. 여기서 웃기는 오답은 예능이 됩니다.

우리가 가지고 있는 우리만의 독창적인 생각과 상상력을 주장하기 위해서는 그것에 대한 철저히 검증이 필요하고 무엇보다도 학계에서 인정도 받아야 합니다. 나의 독창적인 생각이 사회에서 인정받으려면 현실적으로 엄청난 투자를 해야만 가능할 것입니다.

물론 경험은 그 어떤 것도 따라오지 못하는 대단한 힘을 가지고 있습니다. 사람은 일생에서 누구나 자기만의 경험을 하게 되어 있습니다. 하지만 일일히 몸을 부딪혀서 경험하려고 하면 시간 낭비, 재료비와 인건비 등의 비용 발생, 기회비용 등의 문제가 생깁니다. 맨땅에서 헤딩하는 경험이 있고 조력자가 있는 경험이 있는데 일일히 경험으로 깨달으려고 하면 상당한 곤욕을 치러야 할 것입니다. 또한 빈부의 차이에 있어서도 영향이 있을 것입니다.

흔히들 주입식 공부는 폐해가 많다고 합니다. 주입식 공부의 가장 큰 폐해는 지루한 것입니다. 그 폐해를 이겨낸 이는 공부의 승자가 됩니다. 하지만 책과 연필, 공책만 있으면 할 수 있는 게 주입식 공부입니다. 빈부의 차이에도 크게 구애받지 않습니다. 또한 많은 양을 습득하는 것이 가능합니다.

시험을 잘 치르기 위해서는 주입식 공부가 답입니다. 시험은 공정한 기준이 됩니다.

시험은 반드시 필요하다

시험은 기죽이려고 있는 것이 아니고요.

시험은 더 열심히 하라고 있는 거에요.

시험 볼 때 공부하는 노력과

시험을 보지 않을 때 노력은 다릅니다.

—

공부에서 가장 중요한 것은 동기 부여입니다. 동기 부여를 하기 위해서는 지금 나의 위치가 어딘지 제대로 알아야 합니다. 누군가의 이익으로 이어지는 소위 상업적인 시험이나 공정하지 못한 시험을 통해서는 내 실력을 제대로 확인하기 어렵습니다.

상당히 많은 사람들이 시험을 치기 때문에 공부를 합니다. 시험이 다가오면 누구나 신경을 쓰고 긴장을 합니다. 공부를 하게 만들기 위해서 시험을 칩니다. 그렇지 않으면 해이해져서 학습이 잘 안 되기 때문입니다. 아예 글자 한 자 안 볼 사람도 시험을 치면 신경은 쓰게 되어 있습니다. 심지어 시험지를 푸는 행위 자체도 일종의 공부가 됩니다.

시험을 통해 우열을 가린다기 보다는 공부의 필요성을 체감할 수 있게 됩니다. 시험을 친다고 하면 안하던 공부였지만 책을 펼치게끔 되어 있습니다. 또한 내가 무엇을 몰랐는지 알 수 있고 시험을 치르는 나름의 노하우도 생깁니다.

시험을 치고 다 잊어버리는 것 같아도 매달려서 익힌 것들은 분명 내 삶에 보탬이 됩니다. 이처럼 시험이 주는 순기능은 제대로 인정받지 못했습니다.

언젠가 시험은 적이 되었습니다. 그래서 점점 없어지기 시작했습니다. 알쏭달쏭한 문제가 주는 야릇함과 답을 알 수 없는 마지막 심화 문제 앞에서 좌절할 필요가 없게 되었습니다. 시험을 잘 치는 사람을 그 사람의 노력을 가상하게 보지 못하고 곱게 바라보지 못하게 되었습니다.

시험이 주는 스트레스는 크기 때문입니다. 누구나 패배는 싫어하며 패배를 확인하는 것도 달갑지 않습니다. 설령 시험을 잘 쳤다고 해도 스트레스를 받습니다. 시험을 치지 않는 것으로 이러한 스트레스에서 도망치려고 하지 말고, 시험을 통해 오기를 갖고 더욱 노력할 수 있어야 합니다. 능력을 시험으로 거르는 것이 가장 공정합니다.

시험은 강력한 동기부여의 수단이 됩니다. 시험이 있을 때와 시험이 없을 때의 차이는 큽니다. 시험을 안 치면 지금 당장은 마음이 편할 지 모르겠으나 내 인생에 주어지는 기회가 크게 달라지는 것은 없습니다.

우리는 인생에서 기회를 얻을 때 분명히 시험 앞에 서게 됩니다. 시험 없는 경쟁은 없습니다. 시험의 경험을 쌓고 익숙해지는 것이 중요합니다.

활동 수업의 문제점

수업 시간 동안 즐겁고 재미있었나요?

그래서 또 하고 싶다고요?

그 시간만 기다린다고요?

뭔가 잘못되고 있는 거에요.

그건 큰 솥에 달고 맛있는 간식이 잔뜩 들어 있는데

영양소는 5%밖에 안 되는 것과 같아요.

—

공부가 어렵고 힘들다 보니, 좀처럼 흥미를 이끌어내는 것이 쉽지 않습니다. 아무리 공부하라고 말해도 좀처럼 듣지 않습니다. 어른도 스스로 어릴 때를 생각하면 이와 다르지 않을 것입니다. 공부하지 않은 것을 후회하는 시점은 사실 매우 훗날이고 이미 시기를 다 놓쳐서 그때는 솔직히 늦은 셈이 됩니다. 공부가 어려워서 경쟁의 공정한 표준이 되는 것입니다.

공부하기 싫은 심리를 이용한 상술도 상당히 활개를 치고 있습니다. 가만히 앉아서 달달달 암기하지 않고도, 강사의 설명을 듣지 않고도 공부할 수 있는 방법이 있다며, 소위 재미있는 액티비티 수업, 활동 위주 수업이라며 현혹하기도 합니다. 강사의 설명을 듣거나 필기하지 않고 발표하고 활동하니 지루하지 않고 재미있을 것 같습니다.

하지만 이것은 말그대로 그냥 혹하는 것입니다. 재미있는 것은 예능이지 공부가 아닙니다. 공부에도 재미라는 게 있는

데 그것은 하나하나 알아가면서 습득을 통해 얻는 재미이지, 이런 재미가 아닙니다. 공부는 외우는 것에서 시작하여 반복 학습을 통해 완전히 외우는 것으로 끝납니다. 영어 단어도 외워야 하고 태양계의 행성도 외워야 하고 한국사, 세계사도 다 외워야 합니다. 상상력을 통해 답을 쓰면 오답이 됩니다. 그것은 변하지 않는 진리입니다.

활동 수업은 얻는 지식의 양은 적고 시간을 때우기에는 적절하다는 단점이 있습니다. 뭔가 정확하게 학습하려고 하기보다 그냥 맛만 보고 두루뭉술하게 알게 하는 정도의 수준에 미칠 따름입니다. 그럴싸한 흥미에 포장된 활동 수업을 경계하세요. 활동 위주의 수업은 수업료도 비싼 편이지만, 결론적으로 얻을 수 있는 지식의 양은 매우 적습니다. 심지어 수업 시간에 강사보다 학생이 더 말을 많이 한다면 위험한 수준입니다. 학부모가 지불해야 하는 비용은 많아지고 후에 성적은 안 나올 수도 있습니다. 그렇다고 해박한 지식이 생긴 것도 아닐 수도 있습니다. 재미있는 수업 뒤에는 엄청난 비효율성이 숨겨져 있음을 유의해야 합니다. 소비자 만족도를 높이기 위한 상술에 속지 마십시오.

수업의 정석은 판서와 함께 진행하는 강사의 설명입니다. 가장 오랫동안 이루어진 학습 방법이기도 합니다. 설명을 통해 상당히 많은 지식을 전달할 수 있습니다. 강사가 설명할 때 집중하고 이해하는 것은 매우 중요합니다. 수업시간 내내 집중할 수는 없으니 설명할 때만 포인트로 잡아서 집중하면 효율적입니다. 공부의 강약을 두고 설명을 들을 때는 강 모드가 되어야 합니다. 또한 설명할 때 중요하다고 강조하는 것에서 텐션을 기르는 방법도 중요합니다. 단지 설명듣는 게 지루하고 어려워서 어설프게 아는 것도 아니고 모르는 것도 아닌 상태에서 흥미 위주의 활동 수업을 통해 얻을 수 있는 것은 결과적으로 봤을 때 비효율적입니다.

　공부의 핵심은 하나를 알아도 정확히 아는 데 있습니다. 두루뭉술하게 아는 것은 사실 아는 것도 아니고 모르는 것도 아닌 상태가 됩니다. 활동 수업은 주가 되어서는 안 되며, 간혹 곁들여서 응용하는 수준으로 이어져야 할 것입니다.

강하게 성장하라

견딜 수 없는 것 중에 하나는

나빠져버린 기분입니다.

나빠진 기분은 하루를 망칠 수도 있고

계속해서 고민과 불만거리를 만들어냅니다.

나빠진 기분에 한번 휘둘리면

이제 끝이 안 보입니다.

트라우마라는 것이 있습니다. 어떤 충격을 받았을 때 생기는 것입니다. 특히 어린 시절에 생긴 트라우마는 성인이 되어서 고질적으로 작용합니다. 사실 세상 모든 트라우마가 다 그런 것은 아닙니다. 살다보면 생각지도 못한 상황에 빠질 수 있습니다. 그럴 때마다 대처 능력이 향상되어 자신의 삶에서 한 걸음 나아가는 경우도 있습니다. 트라우마를 극복하지 못한 사람이 그에 시달리고 잘 극복한 사람은 신경도 안 쓰고 잘 삽니다.

잘못을 지적당하는 것, 틀린 것을 바로잡는 것은 중요합니다. 하지만 트라우마라는 것에 얽매여서 훈육을 무조건 나쁜 것으로 보거나 혹은 훈육에 소극적일 수 있습니다.

사람은 잘못을 저지르고도 비난받지 않으면 그것이 잘못인지 모르는 경우가 있습니다. 비난을 받고서야 그제야 내가 잘못되었음을 알기도 합니다. 즉, 혼이 나면서 아, 그러면 안 되는구나! 알아지는 것이 있습니다.

거친 세상을 살아가려면 무엇보다도 강해져야 합니다. 트라우마의 굴레에서 벗어나 스스로 강해지는 법을 터득해야 합니다. 회피하고 원망하면서 나약함에 빠지지 않도록 주의해야 합니다. 칭찬을 좇아서도 안 됩니다. 설령 내가 어떤 창의성을 가지고 있다면 주변의 질타에도 굴하지 않을 수 있어야 그게 진짜입니다.

공부를 잘하는 사람이 성공하는 게 아니라 극복하는 사람이 성공합니다. 의욕이 있는 사람이 꿈을 이루는 것이 아니라 오기가 있는 사람이 원하는 것을 쟁취합니다.

때로 내가 열심히 한 것이 인정받지 못하고 무시당했다고 해도 주눅들지 않고 이 악물고 다음 기회를 기다리고 정진하는 강한 마인드를 기르는 것이 중요합니다.

공부나 대인관계를 통해 스트레스를 받습니다. 상처 안 받는 게 주력하기 보다 상처를 어떻게 극복하느냐에 주력해야 합니다.

사람은 한번 강해지면 끝도 없이 강해지고 한번 약해지면 끝없이 약해집니다.

누구나 칭찬을 좋아합니다. 칭찬은 동기부여를 만들어냅니다. 하지만 올바르지 않은 칭찬은 심한 왜곡을 만들어냅니다. 나약해지면 칭찬에 많이 휘둘리기도 합니다.

트라우마에 주저하지 마세요. 단지 극복하데 미숙할 따름입니다.

자신감 키우기

기분이 좋아요?

칭찬을 들어서요?

사실 딱히 한 건 없는데

남이 잘했다고 하니까 기분이 좋아요?

이봐요, 그건 속는 거에요.

객관적으로 내가 정말 잘했고

다음 기회를 노릴 만큼 뿌듯하면

그게 정말 자신감이에요.

—

공부할 때 중요한 것은 자신감입니다. 공부 말고도 매사 중요한 것이 자신감이기도 합니다. 자신감이 있다는 것만으로도 활력이 생깁니다.

아무 것도 하기 싫을 때가 있습니다. 자신감이 부족하기 때문입니다. 자신감이 떨어지면 잘할 수 있는 일도 해내지 못합니다.

자신감은 의욕을 불러일으킵니다. 자신감이란 스스로의 능력을 평가받을 때 만들어집니다. 허나 타인의 칭찬에 의존한 자신감은 타인에 의해 쉽게 무너지기도 합니다.

자신감은 내가 타인을 이겼을 때 만들어지는 것이기도 합니다. 그러나 패배할 때는 승복의 자세를 가지지 못합니다. 상황에 따라 자신감이 생겼다 사라지면 그만큼 들쭉날쭉해집니다.

자신감은 스스로 만들어나가는 것입니다. 물러설 때는 물러서고 강행할 때는 강행하며 융통성있게 길러나가는 것입니다.

자신감을 타인이 만들어주길 기대한다면, 영원히 갖지 못할지도 모릅니다. 마음을 너그럽게 가지고 나를 위해주는 사람 만나기도 어렵습니다.

자신감은 내가 만들어가는 것입니다. 내가 노력했다면 그리고 조금이라도 앞으로 나아갔다면 내가 나를 인정해주면서 키워나가는 것입니다.

스스로 깨닫기까지는
너무 오랜 시간이 걸린다

잘못된 것은 최대한 빨리

고치는 것이 좋아요.

아이와 어른의 차이는 깨달을 수 있느냐 없느냐에 있습니다. 어른은 사회에서의 찬바람을 겪어보고 여러모로 스스로 깨달을 수 있습니다. 물론 어른이라고 다 깨닫는 것은 아닙니다. 스스로 고집을 밀고 나가기도 합니다. 어쨌든 어른은 연륜이 있기에 깨닫는 것이 가능합니다.

반면 아이들은 그렇지 않습니다. 아이들은 연령이 낮아서 왠만한 충격이 아니면 뭔가를 깨닫기가 어렵습니다. 깨닫기보다는 그냥 눈치만 생기는 것입니다. 사실 어른도 뭔가를 깨닫는다는 것이 어려운데, 아이에게 기대라는 것은 더욱 어렵습니다.

배우는 것과 깨닫는 것의 차이는 큽니다. 배우는 것은 마음만 먹으면 빨리빨리 되지만, 깨닫는 것에는 시간이 걸립니다.

아이가 스스로 깨닫도록 에둘러서 말하지 마세요. 아이는 깨닫지 못합니다. 아이가 뭔가를 깨닫도록 유도하는 것은 옳지 않습니다. 가령 아이가 준비물을 안 가져오면, 아이 스스로 준비물을 가져와야겠다고 깨닫도록 대하지 마시고, 다음에는 반드시 가져오라고 단도직입적으로 정확히 말하세요. 가져올 때까지 집요하게 정확히 말해줘야 합니다.

가장 깔끔한 것은 팩트 전달입니다. 누군가를 깨닫게 하는 것은 정확한 의사 전달이 되지 못하며 상호간 오해를 불러일으킬 수 있습니다. 깨닫는 것은 소통이 아니라 혼자서 하는 것이 때문입니다.

공부는 갑자기 어려워진다

저마다 공부하는 방식은 다르고

잘 받아들이는 시기가 다릅니다.

머리가 좋으면

짧은 시간에 방대하고 어려운 양을 다 해낼 수 있습니다.

한 학년씩 올라갈 때마다

난이도는 갑자기 올라갑니다.

미래보다도 중요한 것은 현재라고 합니다. 현재는 오지 않은 미래보다 중요합니다. 현재의 충실하는 것, 그것은 무엇보다도 중요합니다.

아직 1학년인 학생이 2학년, 3학년이 하는 공부를 하는 것 그것을 선행학습이라고 합니다. 자기 학년에서 배워야 할 것은 다 알고 선행학습을 하나? 따가운 눈총을 받기도 합니다. 또한 누군가가 먼저 선행학습을 하면 다른 사람을 뒤처진 것 같아서 분위기도 묘해집니다.

자기 학년에 주어진 공부를 충실히 하는 것은 중요합니다. 아무리 학년에 충실해도 자기 학년에 주어진 심화를 다 해결할 수 있는 경우는 극히 드물 것입니다. 문제는 공부는 학년이 올라갈수록 걷잡을 수 없이 어려워진다는 데 있습니다. 학년이 올라가서 그때 맞이하는 어려운 문제(심화 문제가 아닌 기본 문제)를 그때 다 해결할 수 있으면 선행학습은 안 해도 됩니다.

가령, 갑자기 어마어마하게 어려워지는 중등수학, 고등 수학을 해당 학년이 되어 잘 해결할 수 있다면, 그만큼 학습 능력이 뛰어나고 머리가 좋다면 굳이 선행학습은 하지 않아도 좋습니다. 할 필요가 없죠. 때가 되면 다 알아서 척척 될 텐데요. 당겨서 하는 게 오히려 이상하겠죠.

하지만 어느 날 확 달라진 문제를 마주하며 멘붕 오지 않으려면 차근차근 준비를 해야 합니다. 갑자기 별스럽게 어려워지는 단원이 있습니다. 절대로 그 학기에는 다른 과목과 병행하면서 해낼 수 없을 어려운 단원이 있습니다. 또한 어렵다고 느끼는 단원이 무엇인지는 개인 차도 있을 것입니다.

선행학습을 하는 이유는 나중에 갑자기 들이닥칠 엄청난 어려운 문제들을 그때 그 시절에 다 해결하지 못하기 때문에 하는 것입니다. 갑자기 너무 어려워지면 백기를 들고 공부를 손에 놓는 수가 있습니다.

그럼 시험을 쉽게 내면 되지 않나? 난이도를 낮추면 되지 않나? 이런 생각을 하게 됩니다. 공부는 앞으로도 어려워졌으면 어려워졌지 절대로 쉬워지지 않습니다. 왜냐하면 공부는 경쟁이기 때문입니다.

변별력이 없는 시험은 실력 측정을 하기 어렵습니다. 경쟁의 과열은 늘 우려되지만, 식힐 수 없는 것입니다. 공부가 쉬워지는 순간, 기준이 허물어져 공정성도 함께 무너집니다.

경쟁은 치열해야 제맛이다

시간 대비 투자대비

가장 큰 효율성을 갖는 것은

우리 모두가 빠짐없이 다 함께 노력하는 것입니다.

—

경쟁이 치열합니다. 남보다 앞서고 싶고 이기도 싶지만 남들이 눈에 불을 켜고 하는 한 뜻을 이루기 어렵습니다. 내가 좀 편해지려고 경쟁을 누그러뜨리면 어떻게 좀 내 자리가 생길 것 같지만 현실적으로 어렵습니다. 경쟁이 치열하다 보니 남에게 공부하는 모습을 보이는 것도 부담이 됩니다. 그래서 공부 안 하는 척, 모르는 척 스스로를 둔갑시키기도 합니다. 누군가 티나게 공부를 하면 미움을 사기도 합니다.

누군가가 의욕을 갖고 열심히 한다면, 응원을 해줘야 합니다. 그 옆에서 불쾌한 표정을 짓는 것이 아니라 자극을 받고 동기 부여를 해야 합니다. 아무도 공부를 안하는데 혼자 공부를 하면 더욱 힘들어집니다.

경쟁을 견디지 못하고 열심히 하는 사람을 공격하지 마세요. 나는 걷고 싶은데 옆에 사람은 뛰니 뛰는 사람을 비난하지 말고 나도 이제 숨고르기를 하고 다시 뛰어야 할 때입니다.

소수의 잘하는 사람만 노력하면 사실 큰 변화를 기대하기 어렵습니다. 경쟁은 100명 중 똑똑한 10명만 노력하고 나머지 90명이 손을 놓고 있으면 큰 발전을 기대하기 어렵습니다. 하지만 100명 중 80명 이상이 다 같이 노력하면 대단한 발전이 이루어집니다.

다수가 노력하기 위해서는 경쟁은 치열해야 하고 그 치열함 속에서 전체적으로 실력이 굉장히 높아집니다.

누군가가 노력하면 그 효과는 그 사람 본인이 가장 먼저 얻겠지만 언젠가 나에게도 찾아옵니다.

공부를 잘하는 방법

절벽을 올라설 수 없습니다.

오르기 위해서는 계단을 만들어야 합니다.

—

공부가 머리 좋은 사람에게 유리한 건 사실이지만, 그렇다고 머리 좋은 사람만 잘할 수 있는 건 절대 아닙니다. 공부는 마음만 먹으면 사실 누구나 잘할 수 있는 것입니다.

공부 잘하는 조건은 첫째 반복이며, 둘째 아무 생각없이 습관처럼 하는 공부, 셋째 단계별 학습입니다.

반복하지 않고 습관을 들이지 못하고 단계를 무시하면 공부가 어려워지고 흥미를 잃을 수밖에 없습니다. 사실 잘못된 교수법으로 단계별 학습을 놓치는 경우가 많습니다.

가령 기본 설명은 아주 쉬운 내용만 하고, 개념 문제를 몇개 푼 뒤에 갑자기 심화로 문제 수준을 올려서 하라고 합니다. 개념만 가르쳐주고 기출문제를 풀게 하는 경우도 있습니다. 세상에서 어려운 것이란 모르는 것입니다. 쉽고 간단한 건 설명해주고 문제도 풀어주면서 가장 어렵고 접근하기 어려운 것은 혼자 하라고 합니다. 이는 잘못된 교수법입니다. 기본 개념 문제에서 심화로 올라가는 단계에는 충분히 분화되어 있어야 합니다.

계단의 턱을 낮게 많이 지어놓으면 누구나 올라갈 수 있습니다. 갑자기 턱을 말도 안 되게 올려놓아서 딛고 올라설 수 없는 것입니다. 기본에서 심화로 향하는 단계가 많이 생략되어 있으면 누구나 어렵게 느끼고 내가 할 게 아니라며 포기하게 됩니다.

어려운 문제일수록 원리를 알게 된 뒤에는 여러 번 반복하여 풀어봐야 합니다. 현실적으로 같은 문제를 또 풀게 되는데 가장 좋은 방법은 유사 문제를 많이 풀어보는 것입니다. 쉬운 것만 반복한다던지 어려운 것만 반복하면 부작용은 생깁니다. 쉬운 것과 어려운 것을 골고루 접근해야 합니다.

단계를 잘 밟으면 누구나 공부를 잘할 수 있습니다.

질문에 답하는 공부가 아닌
질문하는 공부를 하십시오

질문이란 답정너가 많습니다.

질문에 답하기 위해서는

그전에 많은 노력이 뒷받침이 되어야 합니다.

아직 공부할 것이 많고 준비가 안 된 이에게

질문을 하는 것은 옳지 않습니다.

누구나 질문 앞에서 당혹스러워 합니다.

질문을 받지 않기 위해 질문을 하는 경우도 있습니다.

질문의 요지에 맞는 말을 피해서 말하기가 부지기수입니다.

―

학생이라면 아직 많이 배워야 합니다. 아직 잘 알지 못하는 입장에서 질문에 답을 하기는 어렵습니다. 강사가 질문에 답을 하는 것이지 학생은 아직 답을 할 수 없습니다. 학생이 질문하는 수업이 옳습니다. 질문도 준비된 사람이 할 수 있습니다. 가령 강사가 학생에게 질문하고 학생이 답을 하는 공부는 올바른 방법이 아닙니다.

강사와 학생의 위치를 바꾸어 접근하지 마세요. 스스로 생각해서 답을 내게 한다고 하여 강사가 학생에게 질문을 던서 말하게 하는데 이 또한 비효율적인 방법입니다. 학생이라면 강사가 아는 것을 다 알고 가야 합니다. 그게 가장 남는 겁니다.

질문은 공부를 해서 하는 것입니다. 공부를 하다가 궁금한 것이 많아지만 잘되고 있는 것입니다.

공부는 교과 중심이어야 한다

교과에 강한 사람이

좋은 성적을 얻습니다.

공부를 하면서 중요한 것은 엉뚱한 것을 너무 오래 깊게 공부하지 않는 것입니다. 흥미 위주로 접근하면 생길 수 있는 부작용입니다. 물론 모든 지식은 쓸모가 있지만, 굳이 시험에 나올 가능성이 전혀 없으며 중요하지 않은 내용에 집착하느라 시간을 허비하는 것을 지양해야 할 것입니다.

겉만 번지르르하고 사실 얻어가는 것은 거의 없는 공부는 그 자체가 궤변이기 때문입니다. 궤변이 어감부터도 참 부정적이지만 사실 한번 빠지면 매력이 대단해서 이에 집착하다가 허송세월 시간을 낭비해버린 경우도 참 많습니다.

어떤 내용을 어떻게 공부할 것이냐가 중요합니다. 공부를 잘하기 위해서는 반드시 교과 중심으로 공부해야 합니다. 시험의 범위도 교과에서 크게 벗어나지 않습니다. 교과에서 다루는 핵심 내용을 잘 파악하고 문제풀이로 빈 곳을 메운 뒤에는 그와 관련한 내용을 찾아 독서를 하는 것이 좋습니다. 교과의 내용을 파악하지 못한 채 엉뚱한 공부를 하면 엄청난 비효율을 경험하게 될 것입니다.

아무리 기발한 문장으로 글을 써도 백일장의 주제와 동떨어지면 입상할 수 없습니다.

풍부한 독서를 통해 흥미와 적성을 키워나갈 수 있습니다. 또한 자신만의 저력을 키울 수 있습니다. 지식을 폭넓게 쌓으면 더할 나위 없이 좋겠으나 시간은 한정적이고 공부를 할 수 있는 능력도 한계가 있습니다.

공부는 반드시 교과 위주여야 한다는 것을 잊지 마십시오.

창의력 교육의 허와 실

창의력이라고 하면 관심이 생깁니다.

창의력이라고 하면 뭔가 설레입니다.

무엇이 창의력일까요?

새로운 것은 관심을 받습니다. 새로운 것에는 돌파구가 있습니다. 분명 아이디어는 잘만 활용하면 세상을 바꿉니다. 기발한 아이디어는 많지만 현실적으로 쓸모있는 경우는 많지 않습니다.

아무리 혁신적이라도 상업성이 없는 아이디어는 사장되기 일쑤입니다. 이것저것 아이디어를 내기는 쉬우나 그것을 적용하여 상업적으로 성공시키는 것은 굉장히 어렵습니다. 엄청난 영업력이 뒤따라야 합니다.

만드는 것보다 파는 것이 몇 배는 어렵습니다. 많은 사람들의 수요를 이끌어낸다는 것은 대단히 힘든 일입니다. 아이큐가 좋다고 되는 것도 아니고 기발하다고 되는 것도 아닙니다. 노력만으로는 안 되고 운도 따라야 합니다.

성공한 아이디어의 여파가 매우 크다 보니 창의력에 관심을 두게 됩니다. 세상을 바꾸는 대단한 창의력의 힘에 비하면 그저 외우고 데이터만 쌓는 암기식 공부는 비교가 됩니다.

실패해도 얻는 것이 있어야 합니다. 만일 실패했을 때 손에 쥐는 것이 아무것도 없는 것이라면 그것은 처음부터 뜬구름이었던 것입니다. 내가 성공하고 옆에 사람이 실패했을 때 옆에 사람 손에 쥐어지는 것이 아무것도 없다면 사실 나의 성공도 대단한 것은 아닙니다. 다만 거품이 꺼지지 않은 뜬구름을 잡았다고 해야 할까요?

엉뚱함을 영재성이라고 생각해서는 안 됩니다. 내멋대로 즐겁고 재미있게 하는 것을 창의성이라고 생각해서도 안 됩니다. 특히 기준이 주관성에 의존하여 코에 걸면 코걸이, 귀에 걸면 귀걸이 식이라면 더욱 위험합니다.

진짜 창의성을 가진 사람은 이미 시대보다 몇 걸음 앞서 가서 지금 당장은 인정을 못 받습니다. 괴짜라고 하고 무시당하기도 합니다. 누가 가르쳐준다고 되는 것도 아니라서 주변에 영향을 받을 수는 있으나 스스로 일어납니다. 그런 것을 다 딛고 일어나서 이루는 것이 창의성입니다. 인생을 통째로 투자해야 이룰 수 있는 것이 창의성이기 때문에 리스크가 큰 편입니다.

과녁을 적중한 창의성은 대중에 평가를 받습니다. 소수의 평론가들이 왈가왈부할 수 있는 수준이 아닙니다. 주위 평가에 휘둘려서 내려놓는다면 그것이야 말로 진짜 영재가 아닐 것입니다.

출제 경향이 중요하다

학원을 많이 다니고

학원비도 많이 썼는데

성적은 안 올랐다고요?

학부모 설명회도 많이 다녀왔는데

어떻게 해야 할지 모르겠다고요?

—

엄청난 사교육비를 투자하고 잠도 제대로 못 자고 공부에 매달리고도 입시에 실패할 수 있습니다. 설령 그랬다고 해도 낙심하지 말기 바랍니다. 다 때이른 생각입니다. 진짜 실력이 있다면 언젠가 빛을 보기 마련입니다.

공부를 하면서 시간과 비용을 최소한으로 줄일 수 있는 방법은 바로 출제 경향을 파악하는 것입니다. 출제 경향을 파악하지 못하고 시험에 안 나오는 내용을 열심히 공부하면 시험에는 실패합니다.

간혹 시험에 강한 사람을, 시험 문제만 잘 풀고 진짜 실력은 없는 것이라고 말하는 경우가 있습니다. 아닙니다. 시험은 실력을 확인하기 위해 치는 것입니다. 아무래도 강심장에 실전에 강한 성향은 분명히 있습니다. 자신감이 있기 때문에 강한 멘탈도 만들어지는 것입니다. 실력이 없는 사람이 시험을 잘 보는 경우는 없습니다.

출제 경향을 무시하고 시험에 안 나오는 단어 1,000개를 외우느라 시간을 허비하지 마세요.

문제는 출제 경향을 그 누구도 알려주지 않는다는 것입니다. 수업에 집중을 하면 출제 경향을 스스로 파악할 수 있습니다.

공부를 많이 해서
인성이 나빠질까요?

어떻게든 단점을 잡아내려고 마음을 먹으면

잡아낼 수 있습니다.

흠집을 보느냐

저력을 보느냐는

보이는 사람에게 선택권이 있는 것이 아닙니다.

보는 사람에게 있습니다.

공부를 잘하면 주위에서 인정받고 여러가지 혜택도 많으니 모두가 선호하였으나 의외로 도덕적으로 혹은 인간적으로 실망시키는 사례가 있어 공부 잘해도 소용없다, 인간이 먼저 되어라는 말도 있습니다.

어쩌면 우리는 결국 나약한 한 사람에게 너무 완벽을 바라는 성향이 있습니다.

공부도 잘하고 인성도 좋으면 좋겠지만, 머리는 좋고 아는 것은 많은데 인성이 나쁘니, 그 나빠진 인성의 원인을 과도한 학업에 두기도 합니다. 하지만 이것은 잘못된 생각입니다.

공부를 못해도 인성은 충분히 나쁠 수 있습니다. 인성을 학업에 결부시키기 보다는 인성은 학업과 별개로 교육을 시켜야 합니다.

공부를 많이 하는 과정에서 인성이 나빠진 것은 오해입니다. 스트레스를 푸는 데 취약하거나 인성 교육이 부족했기 때문입니다.

사회 구성원으로서의 협력과 단합의 중요성을 알려주고 인성을 별개로 교육되어서 길러져야 하는 것입니다.

인성이 나빠지니 공부할 필요없다는 것은 나쁜 말입니다. 역사적으로 공부는 지배계급만 해왔던 것임을 잊지 말아야 합니다. 평민은 과거 시험을 칠 수 없었습니다. 심지어 글자를 배울 수도 없는 일도 있었습니다.

공부는 세상의 모든 꿈으로 이어주는 다리입니다.

잘 놀아야 한다

—

공부 때문에 스트레스 받는 것 같죠?

아무것도 안해도 스트레스는 받습니다.

하는 일 없이 있는 것의 고통을 아시나요?

공부 때문에 스트레스를 받는 것 같지만 사실 아닙니다. 공부에도 벗어나도 스트레스는 받습니다. 스트레스를 받는 이유는 휴식 시간에 잘 놀지 못하게 때문입니다.

공부 하는 방법도 어렵지만, 노는 것도 어렵습니다. 가장 잘 놀았다고 생각되는 것은 노는 시간에 재충전이 완충된 것을 의미합니다.

저 친구는 만화책만 보는 것 같은데 시험은 잘 보고, 옆에 애는 게임만 하는데 상을 턱턱 받습니다. 왜 그럴까요? 놀 때 잘 놀아서 그렇습니다. 만화책으로 쌓은 스토리텔링과 게임으로 찾은 승부욕도 긍정적으로 작용할 것이고요.

아무 생각 없이 신나게 기분을 푸는 것도 쉬운 일은 아닙니다. 놀 때 시원하게 잘 놀 수 있는 것이 매우 중요합니다.

단합과 협력이 중요하다

경쟁하는 것보다 중요한 것은

뭉치는 것입니다.

나와 가까이 있는 사람과는 사실 누구보다도 잘 지내야 합니다. 그런데 그러한 생각을 조금도 하지 못하고 그냥 편한대로 텃세를 하고 구박을 하고 서로 으르렁거릴 사이가 아닙니다. 만만하다고 화풀이를 하면 더욱 난감합니다. 가까이 있는 사람들끼리는 서로 견제하는 것이 아니라 똘똘 뭉쳐야 합니다. 그것이 내가 사는 길입니다. 똑똑한 개인이 머리 쓰는 것보다 다 같이 뭉쳐서 행동하면 훨씬 수월합니다.

똘똘 뭉치는 것이 단합입니다. 단합을 하면 힘이 생기고 그 효과가 매우 큽니다. 서로가 서로에게 협력을 하면 많은 것을 얻을 수 있습니다. 단합도 나를 위해서 하는 것입니다. 나를 위한답시고 나만 아끼고 나에게 유리한 것만 챙겨서는 얻을 수 없는 것이 있습니다.

낭중지추, 반드시 나를 알아봐준다

실패 앞에서 무너지지 않기 위해서는
자기 자신에 대한 믿음과
포기하지 않는 힘이 필요합니다.
아무고 가르쳐 주지 않는 것을 깨닫는 것이
자신만의 공부입니다.

—

세상에는 운이라는 것이 있습니다. 나보다 실력이 안 좋은데 더 좋은 대학을 가고 더 좋은 곳에 취업을 합니다. 정말 그런 일이 있습니다. 분명 내가 열심히 한 것 같은데, 라는 생각은 대부분 착각입니다. 그 사람도 안 하는 척 했지만 어마어마하게 노력해서 얻어낸 결실일 것입니다.

간혹 나의 노력이 제대로 평가받지 못할 때가 있습니다. 안타깝게 생각해주는 이도 있을 것이고 참기름 냄새 난다며 고소하다고 생각하는 이들도 있을 것입니다. 그럼 어떻게 해야할까요? 짜증나는데 확 때려칠까요?

그럴 때는 멘탈을 잘 관리하세요.

낭중지추라고 했습니다.

나의 노력이 진짜였다면 반드시 빛을 봅니다.

다같이 하는 공부의 힘

공부는 경쟁을 하며

다 같이 해야

더욱 의미가 있습니다

공부를 할 사람은 하고 안 할 사람은 안 하면, 언뜻 보기에는 편리할 것 같습니다. 뜻이 있고 의욕이 있고 여건이 있는 사람만 하고 반면 그렇지 못할 경우에는 굳이 하지 않아도 된다는 생각은 위험한 생각입니다. 아이들은 성인이 되어 자립하기 전까지 주도적으로 자신의 삶을 이끌어가지 못합니다. 보통 부모의 뜻에 따라 움직이므로 아이의 의견이 반영되기 어렵습니다.

소위 상위 클래스만 공부를 하게 되면 경쟁은 약화되는 반면, 그 결과를 기대하기에는 미진합니다. 한 명의 천재를 만드는 것보다 100명의 우등생을 만드는 것이 사회 발전에 더욱 도움이 됩니다.

공부는 반드시 다수가 해야 하며, 그것이 단 한 사람의 영재를 만들어내는 것보다 훨씬 더 좋은 결과를 가져 옵니다.

무한 경쟁의 시대의 다른 말은 무한 발전의 시대입니다. 제대로 된 경쟁은 1등만을 양산하는 경쟁이 아니라 전체가 발전하는 도약을 꿈꾸는 것입니다. 굳이 1등을 만드는 이유, 상을 만들어 수여하는 이유는 모두 노력하도록 격려하고 동기 부여를 하기 위해서 입니다. 1등에 영광스러운 이미지를 만들어 두지 않으면 욕심이 나지 않거든요. 그러니 시샘하는 건 동기 부여에 실패한 것이고 어리석은 일이지요.

때로 나는 이미 내가 하고 싶은 일과 직업이 정해졌으므로 공부할 필요가 없다고 생각하기도 하는데 세상에 공부가 필요하지 않은 분야는 없습니다. 가령 예체능을 진로로 결정했다면 실기만 잘해서 되는 것이 아니라 그 분야에 학문적 탐구가 반드시 따라야 발전이 있습니다.

나는 빵 만드는 일을 할 건데, 이제 수학 문제 풀 필요 없어. 영어 단어 외울 필요 없어. 빵만 잘 만들면 돼. 이렇게 생각하면 안 됩니다. 반죽의 비율, 새로운 메뉴 개발을 위해서는 수학이 활용될 수 있습니다. 외국인 손님이 빵을 사러 올 수도 있습니다. 자기 분야에서 성공하기 위해서는 자기 분야 이외의 분야에서 특장점을 끌어와서 응용할 수 있습니다. 그것이 경쟁자와의 차별화에 큰 도움이 될 수 있습니다. 또한 평생 살면서 어떤 일이 닥칠 지 모르기 때문에 어쩔 수 없이 직업을 바꾸어야 할 때도 옵니다. 그때 바탕이 있고 없고는 실로 큰 차이가 납니다.

연구하는 사람이 따로 있고 실무를 하는 사람이 따로 있다고 생각하지 마세요. 어떤 일을 하고 무슨 일을 하든 반드시 학문적, 실용적 연구 성과가 따라야 혁신적인 발전을 할 수 있습니다.

공부는 모두 다같이 해야 합니다. 각각 개인이 몇점을 받고 어떤 성적을 거두든 다 같이 해야 합니다.

공교육에
비판적인 사교육을 경계하라

학부모 설명회에 앉아서

왜 학원을 다녀야 하는지 배우고

아이는 성적이 이것밖에 안 되어서 이 레벨이며

이번 테스트에 점수가 안 나온 것은

제대로 가르쳤으나

아이가 똑바로 하지 않은 것이며

그럼에도 다음 달에도 다니라는 말을 듣고 있나요?

—

학교 생활에 어려움을 느끼면 다른 쪽으로 눈을 돌리기 쉽습니다. 학교 생활을 잘하는 것이 가장 이상적이나 그렇지 못할 경우 이 문제를 해결해줄 사람도 드뭅니다.

기본적으로 사교육은 공교육과 흐름을 같이 해야 합니다. 만일 공교육의 허점을 지적하고 그와 반대되는 입장을 가지고 있다면 멀리하십시오. 그 어떤 사교육도 절대로 공교육을 대신할 수 없습니다.

공교육은 모든 공부의 기본입니다. 반드시 공교육에 충실해야 합니다. 인생을 좌우하는 내신 시험, 수능 시험 모두 공교육과 함께 합니다. 또한 학교를 다닐 때는 반드시 국가가 운영하는 학교를 다니세요. 절대로 개인은 국가가 하는 교육만큼 따라올 수 없습니다.

성적은 지역과 상관이 없다

가장 중요한 것은 본인의 의지이다

—

막상 공부를 하다 보면 마음이 약해집니다. 그럴 때 하는 큰 착각이 투자입니다. 투자를 해야 공부를 잘한다는 생각입니다. 물론 책 사는 데 돈을 아끼지 말고 시간도 아끼지 말아야 합니다. 그런데 공부 때문에 이사를 간답니다. 그러나 책값, 시간 외에 다른 투자는 다 거품입니다.

절대로 그렇지 않습니다. 공부는 자세가 잡혀 있으면 동네와 상관없습니다. 암기에 능하고 속도가 빠르고 단계별로 접근한다면 어떤 동네에서든 좋은 결과를 낼 수 있습니다.

괜히 기죽지 마세요. 지금 이 자리에서 잘하면 됩니다.

학군에 가면 잘 할 거라고, 쓸데없는 학군 부심에 휘둘리지 마세요.

성적이 안 나오거나 방황을 하게 되면 학군을 고민해보는 일도 있습니다. 가장 큰 착각입니다.

어디든 잘하는 학생, 뒤처지는 학생은 있기 마련입니다.

학군을 내세우는 것도 일종의 상술입니다.

공부 분위기가 조성되어 있고 수요가 많으면 사실 좋은 수업이 개설되기 마련입니다. 학구열이 낮으면 수요가 적어 탄탄한 수업보다는 그냥 소비자에 맞춰서 개설되기도 합니다.

상술에 당하지만 않아도
반은 성공이다

확신이 드는 순간이

가장 위험한 순간이다.

—

　태어나면 공부하고 경쟁해야하는 현실. 부모가 되면 오래 전 학교를 졸업한 상황이라 교육 앞에서는 뭐든 낯섭니다.그래서 소위 정보라는 게 있어야 할 것 같습니다. 나 때는 이러이러했는데, 요즘은 또 세상이 바뀌어서 그것에 맞춰나가야 할 것 같습니다.

　타인에게 의지하는 순간, 가장 최선의 선택을 한다고 해도, 최고의 이기적인 선택을 한다고 해도 상술에 자유로울 수는 없습니다. 혼자 생각하는게 힘들어서 가족과 상의도 하고 친구, 다른 아이 엄마, 소위 전문가와 상담을 해도 내가 원하는 최선의 선택은 하기 어렵습니다. 상담을 백번 받는다고 해도 진짜 노하우는 절대로 안 가르쳐줍니다. 이미 호객의 대상이 되었으므로 상담 속에서 학습 노하우나 뾰족한 방법을 얻어내기는 매우 어렵습니다. 소위 가장 알짜배기 프로그램도 장기간 재원했던 학생들에게만 오픈되기도 합니다. 심지어 학생들간에 몇년차를 부여하면서 은근히 다른 대우를 하기도 합니다.

인간사 역지사지라고 했습니다. 상대방의 상황이나 처지도 이해할 수 있어야 합니다. 등록도 할 것도 아니면서 한두달 다니다 그만두고 이곳저곳 기웃거리면서 소위 뜨내기로 인식되면 더더욱 진짜 알짜배기를 알기는 사실 어렵습니다. 내가 스스로 하면 쉽게 될 것을, 남을 통해서 배우면 이렇게 어렵습니다.

누구나 막연하고 불안할 때는 확신을 주는 사람에게 눈길에 가게 되어 있습니다. 반대로 말하면 확신을 주기 위해서는 큰소리를 쳐야 하는 상황에 이를 수도 있습니다. 확신 없이 지갑이 열리지 않기 때문입니다. 그냥 학생이 성실하고 열심히 하면 되는 것을 괜히 남을 믿었다가 낭패를 보지 마세요.

뭔가에 확신이 들었을 때 그때 조심하세요. 공부는 남이 만들어놓은 프로그램에 나를 맞춰가는 것이 아닙니다. 나만의 노트에 나만의 목차를 채우는 큰 방향을 설정해야 합니다. 내 공부의 체계는 내가 만들어가는 것입니다.

인생을 위협하는 과유불급의 순간

끈기있게 꾸준히 하면 해낼 수 있지만

아무리 좋은 것이라도

일정 부분 이상 넘어가면 화근이 됩니다.

갑으로 계속 살고 싶으면

을의 눈치도 봐야 합니다.

사실 을이 나를 갑으로 있게 해주는 거거든요.

을이 이건 아니다, 자각하는 순간

갑은 갑 생활 끝나는 겁니다.

—

세상 모든 것은 과유불급으로 통합니다. 설령 그것이 좋은 것이라고 해도 넘치면 문제가 생깁니다.

무언가를 끝까지 해야 성과를 볼 수 있긴 합니다. 성과가 안 나는 건 중도 포기했기 때문일 가능성이 높습니다. 일정 부분 성과를 보았다면 물러설 수도 있어야 합니다.

열심히 하고 성실하게 하고 좋은 일만 골라해도 그것이 너무 많아지면 문제가 반드시 생깁니다. 착하게만 살아도 문제는 생깁니다. 착한 것도 훌륭한 것도 넘치는 순간부터 문제가 됩니다. 좋은 것도 많아지면 욕심이 되거든요.

잘되고 있는 것을 스스로 멈춘다는 것은 누구에게나 어렵습니다. 하기 싫고 잘 안 되는 걸 멈추는 건 너무 쉽지만 승승장구하는데 스스로 조절하는 것이란 정말 어려운 것입니다. 하지만 세상 모든 것은 기승전결이 있고 발전과 쇠퇴의 기운을 가집니다. 얻는 것이 있으면 반드시 잃는 것이 따라옵니다. 얻고 나서 잃지 않기 위해 적당히 물러서면 안전합니다. 그러니 적당히 물러서고 융통성 있는 자세를 가지는 것이 중요합니다.

박수칠 때 떠나라는 말처럼, 적당히 이루었을 때 내려놓으면 손해를 감수하지 않을 수 있습니다.

우울증과 반항에 대처하는 자세

내가 나 자신이 마음에 안 들면

다른 사람도 나를 좋아할 리가 없습니다.

우울은 한계를 나타내는 것입니다.

—

사춘기를 맞으면 아이들은 내면에 숨겨져 있던 우울을 드러내기도 합니다. 우울에는 다양한 원인이 있지만 본인이나 주변 사람들의 그 원인을 좀처럼 찾아내지 못합니다. 주로 가정이나 교우관계, 학업에 관련되어 있습니다.

아이에게 나타나는 불안한 징후는 사춘기에 이르러 갑자기 나타나는 것이 아닙니다. 유치원과 초등학교 시절에도 꾸준히 나타났고 지적도 많이 받았을 것입니다. 즉, 오래된 우울입니다. 하지만 어리고 귀엽고 위한 답시고 모른 척 해버렸을 경우 사춘기로 넘어가면서 매우 힘들어져 부모가 먼저 손을 놓는 경향마저 생깁니다. 사실 어쩌면 부모가 가장 먼저 손을 놓아버리는 것인지도 모릅니다. 안 좋은 일은 남의 일일 때 지적할 수 있지만 내 일이 되면 포기가 되거든요.

어릴 때는 현실부정에 자기 합리화로 일색하여 시기를 놓치면 결국 부모 스스로가 감당해야할 양만 늘어납니다.

일단 문제가 생기면 먼저 주변 사람과 불화하고 이상 행동을 보입니다. 문제가 포착되면 일찍 교정하는 것이 좋으며 그 원인을 객관적으로 검토해보는 것이 좋습니다. 어릴 수록 문제는 타인에게 있는 것이 아니라 가정 내에 있습니다. 가정 내에 문제가 있을수록 그것을 부정하기 때문에 그 탓을 타인에게 돌리는 경향이 있습니다. 괜히 엉뚱한 사람을 곤란하게 만드는 격이 되죠.

결손 가정보다 안정된 가정에서 문제가 생기는 일이 더러 있습니다. 가령 권위적이고 엄격한 아버지가 순종적인 어머니 슬하에서 자라는 아이는 부모와는 다르게 성장할 수 있습니다. 집밖에서의 스트레스는 집 안으로 가지고 들어오는 것이 아닙니다. 집밖과 집안은 명백히 구분되어야 하고 가족은 누구보다도 아껴줘야 할 대상인데, 현실적으로 그렇지 못합니다. 한번 삐걱거리면 회복하기 어려운 타인의 관계에 비해 가족관계는 함께 살아야 하다는 미명만으로 부딪혀도 결국 용서되고 풀어지거든요.

집에서는 누구나 솔직하게 지내기 때문에 아이는 많은 것을 보고 자랍니다. 아이는 부모의 단점을 그대로 모방하거나 혹은 반항심을 가지고 나는 절대로 저렇게 안 살겠다고 다짐을 합니다. 그러나 결국 두 가지 중 선택하지는 못하고 결국은 두 가지에 모두 해당되고 맙니다. 가장 싫었던 것을 결국 가장 내면적으로 배우게 되는 아이는 딜레마에 빠지게 됩니다. 그것이 이상행동으로 이어질 수도 있습니다. 이런 경우가 되면 아이에게 학원을 많이 보내도 여행을 많이 보내줘도 나름에 호강을 하게 해줘도 결국 아이에게 무의미할 수 있습니다. 아이는 가는 곳마다 솔직히 자기 스트레스를 표현하여 트러블을 일으킬 수 있습니다.

항상 우울이라고 하는 것을 잘 관리해야 합니다. 공부를 하다 보면 가장 필요로 하는 것은 활력입니다. 잘 먹고 잘 자기만 하면 된다고 생각하면서 의외로 활력을 등한시합니다. 활력은 육체적인 것과 정신적인 것에 모두 해당됩니다.

활력은 주로 몸을 움직이는데서 옵니다. 가만히 앉아서 책 읽고 필기만 하면 마음이 울적해집니다. 졸립고 놀고싶은데 참고 끝이 없으니 울적해지는 것입니다.

몸을 움직이는 것이 좋은데, 이 경우는 공부와 무관하게 운동이면 좋습니다. 운동마저 공부의 연장선이면 재미가 없습니다. 요가, 필라테스, 농구, 축구 등 짧게 재미있게나마 즐길 수 있는 운동을 가까이 하도록 하세요.

뇌에 과부하가 걸리면
잡생각에 사로잡힌다

아무것도 생각 안 나고

온전히 집중하는 순간,

그것이 행복한 순간입니다.

—

어린 시절에는 괜찮으나 어른이 되어가는 과정에서 생기는 것이 잡생각입니다. 쓸데없는 생각에 시달리는 일. 꽤 있습니다. 잡생각이라는 것이 얼마나 끈덕진 것인지 한번 사로잡히면 좀처럼 벗어나기가 어렵습니다.

잡생각은 주로 혼자 있을 때 습격해옵니다. 별의별 생각이 다 떠오르는데 주로 강한 인상을 남기는 부정적인 것으로 쏠립니다.

가장 편안함을 느끼는 순간은 집중하는 순간입니다. 집중을 하면 걱정거리도 사라집니다. 가령 게임이나 만화책을 접할 때도 집중을 할 수 있어 잡생각에서 벗어날 수 있습니다. 하지만 집중하는 순간을 오래 유지할 수가 없습니다.

잡생각은 공부에 대단히 유해한 것입니다. 생각을 잘 정리할 수 있다면 어느 정도 선에서 멈출 수 있는데 정리 자체가 안 되기 때문에 화수분처럼 늘어나는 것입니다.

대개 특히 머리에 과부하가 걸리면 빠져나오기 위하여 잡생각으로 전환하기도 합니다. 물론 잡생각에서 도움을 얻을 때도 있을 것입니다.

잡생각에서 지면 안 됩니다. 잡생각을 컨트롤할 수 있어야 합니다. 잡생각에서 벗어나는 방법은 잡생각을 안 하는 것입니다.

어려운 아이 대하기

부모가 자신의 아이가 어렵게 느껴지면

아이는 아이 스스로도 자신이 어렵다고 느낀다.

—

아이와 부모의 관계는 중요합니다. 어찌 되었던 아이와 부모의 사이가 좋으면 그것으로 반은 성공한 셈입니다.

아이들은 사실 왜 공부해야하는지 잘 모릅니다. 그냥 시키니까 합니다. 나중에 일도 해보고 사회생활도 하면서 만일 어린 시절로 돌아갈 수 있다면 이라는 전제를 깔아주면 그러면 열심히 할지도 모릅니다.

아이가 부모의 말을 들어주는 건 부모를 사랑하기 때문입니다. 그것이 옳아서 들어주는 게 아닙니다. 아이가 부모를 사랑하면 부모의 말에 귀를 기울이고 시키는 대로 합니다. 부모가 시키는 대로 하는 아이가 바보 같다면, 그럼 부모가 아이에게 이렇게 말한다면 어떨까요?

뭘할지 네가 스스로 생각해서 해봐.

자기주도적으로 공부하고 생활하기를 바란다면, 아이는 그 기대에 부응할 수 있습니다. 그리고 구체적으로 부모가 뭘 원하는 지도 압니다. 양치, 세수 잘하기, 이부자리 개기, 밥 먹으러 제때 나오기, 숙제하기, 책 읽기, 스마트폰 조금만 하기, 시험 공부하기 등등요. 말 안 해도 압니다.

부모는 아이를 사랑한다고 사랑하지만, 아이 입장에서는 안 그럴 수도 있습니다. 아이 마음 속에는 반항심이라는 것이 있을 수 있습니다. 형제간의 질투심, 부모를 향한 작은 서운함 등이 있을 수 있습니다.

아이가 마음 속에 반항심을 갖지 않도록 하는 건 부모가 아이에게 나는 네 편이야 라는 것을 강하게 인식시켜줄 필요가 있습니다.

나는 널 사랑하고 언제나 네 편이야. 그 어떤 것과도 너와 바꾸지 않을 거야.

아이는 부모가 있어 든든하고 용기를 얻고 행복해질 수 있습니다.

네가 문제집 한 장이라도 더 풀면 나는 그것으로 기쁘다.

네가 조금씩 하나하나 알아갈 때마다 마음이 놓이고 대견하다.

아이의 작은 행동에도 관심을 가지고 칭찬을 해주며 기를 세워줘야 합니다. 아이가 점점 커갈수록 타인과의 비교, 억지로 공부 시키기 등은 절대 금지입니다.

　부모를 사랑하게 된 아이는 부모가 원하는 것을 합니다. 그것이 아이가 부모를 사랑하는 방식입니다. 그리고 성인이 되어서는 부모가 말하지 않아도 부모에게 필요로 하는 것을 스스로 생각하게 됩니다.

　아이의 마음을 움직이는 것은 사랑입니다.

상장, 내 능력의 척도

스스로 노력하여 얻은 상장은

자신감의 근원이 됩니다.

—

  공부에서 중요한 것은 동기부여이고 동기부여를 줄 수 있
는 것은 시험 그리고 상장입니다. 상장은 경쟁을 통해 받는 것
이고 자신의 능력을 확인해볼 수 있습니다. 수상의 기회가 많
아질수록 노하우도 늘어가기 때문에 실력은 급상승하게 됩니
다. 스스로 노하우를 터득하여 얻는 상장은 그 자체로 대단한
포트폴리오가 됩니다. 운 좋게 상장 한 두개는 받을 수 있어도
수많은 상장은 스스로의 실력 없이는 획득하기가 어렵습니
다.

  안타깝게도 위화감 조성 등의 이유로 상장을 없애는 경우도
있습니다. 상장을 받은 아이는 으쓱하고 상장을 받지 못한 아
이는 괜히 상처를 받을 수 있는데 그것이 문제라면 문제라는
것입니다. 물론 상장을 폐지한 데는 다른 이유도 더 있을 것입
니다.

  하지만 친구가 노력하여 성과를 내면 그것을 인정해주고 박

수처주는 자세가 더 중요합니다. 승복, 팀워크를 교육받는 일 또한 굉장히 드뭅니다. 또한 자극을 받는 기회가 되기도 합니다. 그것에 대한 교육과 경험 없이 그저 못받은 입장이 느끼는 박탈감이나 혹은 위화감 때문에 상장을 폐지한다면 그것은 무리가 있습니다. 우수한 성적이나 상장 수여는 칭찬 받을 일이지 결코 질타받을 일이 아닙니다.

본디 대회라는 것이 어떤 분야를 장려하기 위해서 추진하는 것입니다. 경쟁을 하도록 유도하고 열심히 하고 좋은 성과를 낸 사람에게 보상을 하면서 발전을 도모하는 것입니다.

스펙으로 인정이 되든, 안 되든 스스로가 노력하여 얻어낸 상장은 대단한 힘을 가지게 됩니다.

나에게 어떤 능력이 있다고 판단이 된다면, 혼자 잘한다고 고집할 것이 아니라 정말 내가 능력이 있는지 전문가의 눈으로 인증받을 필요가 있습니다. 그것이 바로 상장입니다. 처음에는 어려워도 정말 능력이 있다면 반드시 인정 받습니다.

탑은 가장 실력 있는 사람의 자리여야 한다

공부할 필요 없다

좋은 대학 나와봐야 소용없다

이딴 말들은

공부는 하기 싫고

일등이 누리는 것을 누리고 싶은 이들의

달콤한 소리입니다.

—

　시험은 능력을 가늠하는 척도입니다. 간혹 사고가 터져서 전체적인 룰이 바뀌곤 합니다. 실력은 안 되지만 일단 무슨 수가 나더라도 1등의 자리에만 앉고 싶다는 생각은 흔히 있습니다.

　쉽게 1등의 자리에 앉을 방법이 있다면 혹하지 않을 사람이 누가 있을까요? 어떤 문제가 생기면 시정을 하고 다시는 그런 일이 없도록 해야 하는 것이지 단순히 폐지로 이어져서는 안 될 것입니다. 어느 한 사람의 그릇된 선택으로 인해 모두가 치러야 하는 시험의 전체적인 구조가 바뀐다던지 인식까지도 바뀔 때가 있어 참 아쉽습니다.

　실력이 없는 사람이 탑의 자리에 올라가면 그것은 단순히 그 사람의 영광이나 그 사람으로 인해 밀려난 누군가의 눈물로 끝나는 것이 아니라 전체가 피해를 봅니다. 실력 없는 사람에게 권한을 주면 절대로 발전은 없습니다. 공정하지 못한 시험으로 올라서봤자 결국은 막힌 길을 만나게 됩니다.

어떤 분야든 그 분야의 탑은 가장 실력 있는 사람이 있어야 합니다. 실력 있는 사람에게 더 많은 기회가 주어지는 것을 부당하게 생각한다면, 그게 앞으로 더 세상 살기가 어려워질 것입니다. 그러니 내가 그 자리에 못 오른다고 해서 시기하거나 질투해서는 안 됩니다. 그건 이 사회를 위한 길이며 모두가 행복해지기 위한 방법입니다.

진짜 실력으로 이룬 것은 인생의 큰 뿌리가 되어 줍니다.

다시, 공부다

공부를 할 수 있다는 것은

내가 내 인생을 선택할 수 있다는 것을 의미합니다.

그 무엇도 정해지지 않았고

내가 선택할 수 있음에 감사해야 합니다.

—

공부해야 한다고 생각하면 어떤 느낌이 드세요? 싫은가요? 야유가 절로 나오나요? 왜 공부를 부정적으로 생각하게 되었는지 아쉽습니다. 공부는 잘하는 사람만의 누리는 전유물이 아닙니다. 누구나 할 수 있는 특권입니다. 공부는 부담스럽고 싫은 것이 아닙니다. 내 삶을 도와주는 것이며 나의 삶을 이끌어주는 힘입니다.

온전히 내것이 되는 것은 공부로 이룬 것입니다.

열심히 한 사람이 자기 자리를 찾지 못하면 그것은 적신호입니다. 열심히 해도 안 된다는 건 모두에게 주어지는 난제이기 때문입니다. 노력으로 안 된다면 어떻게 해야 할까요?

노력하여 얻는 것은 당연한 것입니다. 그렇지 않으면 얻을 수 있는 방법이 없기 때문입니다.

공부로 원하는 것을 얻을 수 있습니다.

공부로 즐거움을 느낄 수 있습니다.

공부로 발전할 수 있습니다.

반드시 그래야만 합니다.